食品添加物小圖鑑

跟著可愛角色學習

徹底解析你在意的那個成分的真相！

監修：左卷健男 法政大學教授

插畫：いとうみつる 譯者：黃詩婷

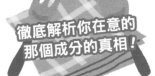

焦糖色素

甘胺酸

咖啡因

阿斯巴甜

酵母食品

亞硫酸鈉

前　言

　　各位，你們是否有好好思考過，自身周遭的食物呢？

　　有些食物，並不是像蔬菜或水果那樣，把摘取下來的東西清洗乾淨就可以食用，又或者是烹調過後就能夠享用的。有些食物是以蔬菜、水果、肉類及魚類等作為原料，經過人手加以調整以後，在工廠製造出來的。

　　經過人手調整，就稱為「加工」，而加工製造出來的食物，便稱為「加工食品」。大家所喜歡的點心之類的東西，幾乎都是加工食品喔。

　　在製作這些加工食品的時候，會使用到的就是「食品添加物」。在加工食品的外包裝袋或者瓶子上，都會標示有該商品所使用的食品添加物名稱。看到這些名稱，我想應該會有人覺得「就是一些都看過但拼在一起就不懂的字呢」對吧？另外，可能也會有人心想：「雖然搞不太懂，但曾

經聽說過食品添加物很危險」。畢竟搞不太清楚的東西，聽起來就很可怕

對吧。不過，真的是這樣嗎？

　　為了希望大家能夠明白食品添加物的真相，所以我們打造了這本書。

如果食品添加物變成既可愛又特別的角色們陪伴大家，那麼大家應該就

能夠快樂地學習，那些以往總是讓人摸不著頭緒的食品添加物相關知識

吧！

　　吃的東西要自己選擇──為此，對於「那到底是什麼樣的東西？」、

「為了什麼因素要使用這種東西？」、「不會危險嗎？」等等關於食品添加

物疑惑，我們就來一舉解決吧！

法政大學教授　左卷健男

目　次

本書閱讀方式

這本書當中，在製作食品時使用的「食品添加物」會化身為可愛的角色們登場。書中的角色會向大家介紹每種食品添加物負責的工作、使用在哪些食品上、使用方式、對身體產生的影響等。

※這本書當中提到的「食品」，原則上是指「加工食品」。

以一句話來表示該食品添加物最主要的功用。

這是食品添加物的使用方式專有名詞（用途名稱）。

這裡介紹的是食品添加物的名稱（物質名稱）。

這裡會簡單介紹食品添加物的功用以及特色唷。

這個欄位會說明食品添加物對於食物會產生什麼樣的功效。

以食品添加物給人的印象畫出來的插圖，是獨特又可愛的角色。

在「○○的夥伴」這欄當中，會介紹有相同用途的食品添加物、「好朋友食品添加物」則是介紹有深切關係的食品添加物。

本欄說明的是食品添加物使用在哪些方面、以及對身體是否會產生影響等。

這裡會介紹經常使用本食品添加物的食品喔。

此處介紹的是在食品的標籤上，會如何標示食品添加物的常見範例。

「想知道更多！食品添加物」的欄位當中，會詳細說明關於食品添加物的知識。

食品添加物探險隊

添一

是個愛吃鬼男孩子。最喜歡吃好吃的東西了，不太在意食品添加物這類東西。

加代

志在有機飲食的女孩子。嘴上總是掛著：「食品添加物對美容和健康都很不好，所以我討厭食品添加物」。

物助

牠是添一和加代的寵物貓咪，能夠和他們兩個人對話。對於食品添加物其實還挺清楚的。

 添一 「我在便利商店買的飯糰，真的很好吃耶。」

 加代 「你又在吃東西了？！還有，那個飯糰不是用了很多食品添加物嗎。那樣對美容和健康都不好啊！」

 添一 「加食品添加物又沒關係。好吃就好了，我覺得無所謂啊！」

 物助 「看起來你們兩個人，都對食品添加物不是很清楚呢喵。為了讓你們搞清楚，首先就先講講『食品添加物基本知識』吧喵——！」

食品添加物基本知識

各位對於食品添加物有什麼既定的印象呢？有些人是像添一那樣，絲毫不在意食品添加物；可能也有人像加代那樣，認為食品添加物就是對身體不好。為了要讓大家去探險，以下就先學習一些食品添加物的基本知識吧！

何謂食品添加物？

如果到超市的食品賣場，除了肉類、魚類和蔬菜以外，也還有罐頭、泡麵、真空調理咖哩包、冷凍食品、火腿和香腸、魚板等等東西對吧。也會賣起司、奶油、蛋糕、麵包、點心等等。這些幾乎都是被稱為「加工食品」的東西，也就是將魚類、肉類、蔬菜、牛奶、小麥等等原料經過燒烤、烹煮等，與其他材料混合在一起，經過人手處理的東西。加工食品便會因應其需求來使用各式各樣的「食品添加物」。

所謂食品添加物，就是在製作食品的時候，為了讓其保存更久、或者幫食物上色等等而添加的東西。由於各自有不同功效，所以使用上也有不同目的。

會使用食品添加物，
是有確實的目的嗮喵。

使食品能保存較久	保存用添加物、保存期限延長劑、抗氧化劑等
調整外觀	著色劑、發色劑、漂白劑、光澤劑等
使味道或香氣更棒	甜味劑、鮮味劑、苦味劑、酸味劑、辛香料萃取物、香料等
提升品質	乳化劑、黏稠穩定劑等
製造或加工時必須添加	膨脹劑、凝固劑、結著劑、酵母食品、鹼水等
強化營養成分	營養強化劑

為何會有食品添加物？

很久很久以前，人們的生活，只會取得當天要吃的肉類及魚類。等到人們終於會用火了，隨即也發現若是將食物放在煙霧當中，便能夠保存得比較久。以現代話來說就叫「煙燻」。因此人類便開始思考，有沒有其他能夠讓食品放得更久的方式。

一開始會使用和煙霧一樣，比較天然的東西，但後來就開始使用以化學方式製造出來的食品添加物了。

就這樣，人類的目標是「保存較久、便宜、簡單、且好吃的食物」，因此製作出許多食品添加物。

食品添加物有這麼悠久的歷史啊。真是讓我刮目相看呢！

如果沒有食品添加物會如何呢？

舉例來說，如果沒有保存用添加物的話，食品很快就會壞掉了。雖然說丟掉也是很可惜，但是吃壞掉的食物的話，會引發食物中

如果沒辦法吃到好吃的東西，就是我最大的困擾啊。

毒喔。另外，由於陳列在店面的食品也會有一定的數量限制，因此很可能經常會買不到想吃的東西。而且啊，因為也無法將食品從遠方運來，所以種類會比現在能買到的少非常多種。

還有喔，沒有使用食品添加物的食品，顏色可能會改變、又或者形狀很容易就碰壞了，在吃的時候樂趣也會減少許多呢。

食品添加物安全嗎？

聽到「食品添加物」這個名詞，應該有不少人會覺得「總覺得似乎對身體不太好」吧。這是為什麼呢？其實是從前被認可為食品添加物的東西當中，的確有會對身體產生不良影響的物質。也有些是在日本可以使用，但是在外國卻被禁止的食品添加物。又或者是在電視上看到新聞說「無添加物令人安心」、「生機飲食正流行！」之類的……理由實在五花八門。

但是，現在日本能夠使用的食品添加物，都是一些經過嚴格的試驗、已經確保其安全性的東西；又或者是從很久以前就一直使用，確定是安全的物質。確認安全性的試驗，也就是「毒性試驗」，會使用大鼠來重複給予一定量的食品添加物，調查此物質對生物的影響；又或者是調查是否可能造成癌症的「致癌性試驗」等等，有非常多種不同的測試唷。國家機構會根據這些試驗的資料進行審查，確認該物質是否安全。

在考量食品添加物是否安全時，最重要的就是「量」。不管是什麼東西，就算是水，如果攝取太多也是會中毒的。食品添加物使用時要非常注意用量。舉例來說，就是用即使人一輩子當中每天都攝取，也不會有影響的分量。食品添加物也有規範哪些食品可以用多少量的添加物。

有黃色標記的就是被稱為「食品添加物」的物質喵。

食品添加物的標示方式

加工食品的標籤上，有個規則是以「原材料名稱標示，須依材料佔全體重量比例為多者順序排列」。食品添加物因為用量都非常少，因此通常都會寫在標籤的最後幾項。原則上都會標示物質名稱，不過也有些是例外，因為有些不是很容易弄懂，所以本書當中會在食品添加物角色的下面或旁邊寫出此物質的標示方式唷。

例：火腿的標籤

豬腿肉、濃縮還原水飴、蛋白、醣類（水飴、砂糖）、食鹽、辛香料、豬膠原蛋白、乳清蛋白、豬肉萃取物、鮮味劑（有機酸）、磷酸鹽（Na）、酪蛋白Na、黏稠多醣劑、抗氧化劑（維生素C）、發色劑（亞硝酸Na）、胭脂蟲色素、辛香料萃取物

應該要如何與其相處呢？

從前為了將食物保存的久一點，因此會使用鹽巴，在那個年代，也有人由於攝取過多鹽分而弄壞了身體。之後使用保存用添加物來取代鹽以後，就不會攝取過多鹽分了。另外，加強甜味的甜味劑當中，也有比砂糖甜上好幾倍的東西。由於不使用砂糖也能夠品嘗出甜味，因此對於不能吃太多砂糖的疾病患者非常有幫助喔。也不會因此吃下太多砂糖，所以他們也是減肥的好幫手呢。

必須要考量究竟是正面幫助、還是負面影響比較大呢。

通過使用食品添加物，可能對你的身體有幫助。

就像這樣，食物的安全性、危險性，都不能只從一個角度、而應該從各種角度來思考，這點非常重要。這在食品添加物方面也是一樣的。如果有資訊指出「食品添加物很危險」，就應該與其他的資訊相互比較，好好思考到底是什麼方面危險、為了避免那個危險，是否會造成其他重大安全的疏失呢。

我們無法將食物的危險性降到零。所以最重要的就是，盡可能的縮小那個危險性，然後與食物和添加物好好過日子。

事實上，像高麗菜或芹菜等等，許多蔬菜也含有天然的化學物質、或者是造成癌症因素的物質。但是，並不會有人說「不能吃蔬菜」對吧。那是因為蔬菜還含有各式各樣對身體健康的營養成分。

你們兩個人都添漸對食品添加物越來越理解啦喵。太棒啦！！那麼，我們出門去探索食品添加物的世界吧喵！

讓食物保存更久的食品添加物

苯甲酸鈉大姊

山梨酸鉀君

　　食品添加物最重要的功效之一，就是讓食品能夠保存得更久。畢竟，陳列在店面的食品，有許多是在遙遠的地方製造、然後花費時間運送過來的嘛。而且從店裡買來的食品，也不會一次就吃光光對吧。

　　如果讓食品以原來的狀態存放，那麼很容易就壞掉了。吃下那些食品，結果造成食物中毒的話就糟了！我們是讓食品不那麼快就壞掉、保護你們不受到食品中毒威脅的食品添加物喔。我們這些能夠讓食物保存得比較長久的食品添加物，包含「保存用添加物」、「保存期限延長劑」、和「抗氧化劑」。

甘胺酸少爺

綜合生育酚大哥

　　保存用添加物的功效，是讓那些會造成食物中毒的細菌不會變多、抑制他們的增長，保護大家不受食物中毒威脅。最具代表性的保存用添加物，有山梨酸鉀和苯甲酸鈉。

　　保存期限延長劑的作用時間雖然沒有保存用添加物那麼長，但也能夠讓食物保存得比原先久一些。甘胺酸是最近非常受歡迎的保存期限延長劑。

　　抗氧化劑則具有防止食物氧化的功能。吃的東西只要碰到空氣，就會開始氧化、導致品質下降。切開的蘋果如果不做處理就會慢慢變黑，正是由於氧化。在這裡我們就請綜合生育酚來幫忙吧。

保存用添加物
山梨酸鉀君

食品的保存，就交給我！

我是保存用添加物的代表，會用在各種食品上喔。

▶▶ 我並沒有能夠殺死那些造成食物中毒原因細菌的能力，但相反地，我有抗菌能力，因此能夠抑止各式各樣的細菌增加喔。

▶▶ 幾乎沒有任何氣味或味道，也非常易溶於水中，以食品添加物來說，使用起來非常簡單。

在哪裡？

魚漿產品（魚肉香腸等）　　醃漬物

加工起司　　水煮豆類　　果醬

番茄醬　　紅酒　　火車便當

標示方式

保存用添加物（山梨酸K）

＊與用途名稱一同標示

＊「K」就是「鉀」的意思

是什麼樣的食品添加物？

我具有能夠抑制菌類增加的抗菌能力唷。菌類品種五花八門，我對於那些吸取氧氣存活的好氧細菌特別有效。但是，我並沒有能夠殺死細菌的殺菌力。不要因為我沒有殺菌能力，就覺得我不可靠喔。我可是保存用添加物的代表者呢。

從我的名字就可以看出來，我是由山梨酸和鉀兩種物質構成的。山梨酸雖然具有抗菌力，但也非常難溶於水，所以很難混進食物當中。因此讓它與鉀結合，就變得非常容易溶於水了，因此我才會是山梨酸鉀。

是活用兩種物質不同的優點打造出的東西呢！

使用在哪些方面？

因為我非常容易溶於水，所以就很容易混進食物當中。而且也幾乎沒有氣味或味道，所以就算把我混入食物當中，也不會改變食物原本的氣味和味道。也就是說，我和大部分種類的食物都不會有衝突，能夠好好相處。這就是我被拿來當作保存用添加物、廣泛使用在各式各樣食品上的理由。你懂我的強項在哪了嗎？

對身體是否有影響？

非常遺憾，似乎有很多人對我的印象，都認為我對身體不好。但是，其實不用那麼擔心。我被用在食品當中的量真的非常少，並不是能夠對身體產生不良影響的量喔。倒不如說，要是我太少的話，細菌會因此而增加，結果造成食物中毒的問題還比較嚴重呢。

的確食物中毒是很可怕的！

我的夥伴

魚精蛋白萃取物先生

正如他的名字所顯示的，這是由鮭魚或者鱒魚、鰹魚等魚類的精巢蛋白質所打造出的保存用添加物。他非常能夠抑制那些很耐熱的細菌增加，所以經常會使用在魚板之類的食品上。標示上會寫「保存用添加物（魚精蛋白）」唷。

苯甲酸鈉大姊

溶於水中，幫助液體保存得更久！

會用在罐裝飲料或糖漿等液體當中唷！

▶▶ 我沒有強烈的殺菌功效。但是，能夠抑制那些會讓食物腐壞的細菌，讓它們不再增加喔。

▶▶ 非常容易溶於水這點，可是我最自豪的呢。

在哪裡？

醬油 　　罐裝飲料 　　糖漿

營養飲料 　　魚子醬 　　乳瑪琳

標示方式

保存用添加物（苯甲酸Na）

＊與用途名稱一同標示

＊「Na」表示「鈉」

是什麼樣的食品添加物？

我在日文當中的名字，開頭是「安息香」，是不是讓人覺得有種宛如香水一樣、是帶有很棒香氣的感覺？是非常適合像我這樣成熟女性的名字對吧。但是，用來作為保存用添加物的我，其實並沒有任何氣味。很意外吧？

我是將非常不容易溶於水的苯甲酸與鈉結合在一起之後，才成為非常容易溶於水的保存用添加物唷。在這方面也許和山梨酸鉀非常相似呢。當然從外表看上去，我可是優雅許多呢。

我的功效只在於抑制菌類增加，以免發生食物中毒。殺菌方面倒是沒有什麼力量。

苯甲酸的日文是安息香酸，是因為這是在安息香木（benjanin tree）這種樹木中樹脂含有的成分喵。

使用在哪些方面？

因為我非常容易溶於水，所以適合作為罐裝飲料或糖漿等液體的保存用添加物。另外，我的魅力就在於對於酸性的食品特別有效果。所以也經常會與用來調整食品酸鹼程度的pH調整劑一起使用呢。所謂「酸性」，簡單來說就是酸酸的口味唷。

對身體是否有影響？

的確有研究報告指出，我進入動物的身體之後，會對牠們的身體狀況產生不良影響。我的成分竟然對於生物有不太好的性質，關於這點我實在是非常難過。但是，如果是在日本，使用我的時候必須要控制在對人體沒有影響的量以下喔。因為也不會殘留在體內，所以是可以安心的。

苯甲酸鈉有使用於食品上的用量規範喔。

 好朋友食品添加物

 ### pH調整劑 小弟

所謂「pH」就是表示食品酸鹼程度的單位。pH調整劑小弟是用來調整酸鹼程度的食品添加物，並不會改變食品的味道或香氣。對我來說，因為食品為酸性的話，我的效果會比較好，所以pH調整劑就會經常和我——苯甲酸鈉等添加物一起使用。

甘胺酸少爺

如果只想放得稍微長一點時間，那就交給我吧。

讓食品能放得稍微久一點！

▶▶ 和保存用添加物一樣，具有抑菌類的能力，以免食品因此而壞掉。但是，效用沒辦法像保存用添加物那麼久喔。

▶▶ 會使用在各式各樣的食品上，讓保存期限稍微變長一點喔。

在哪裡？　熟菜 　　和果子饅頭 　　泡芙

便當（在便利商店或超市當中販賣的）

標示方式

甘胺酸

＊標示物質名稱

是什麼樣的食品添加物？

我是食品添加物中名為保存期限延長劑的一種唷。保存期限延長劑的功效在於讓食品能夠稍微延長保存期限。但是，效果沒辦法像保存用添加物那麼久。大概就是幾個小時，最長頂多1～2天左右而已。

「甘胺酸」這名字聽起來很可愛吧？甘胺酸的英文「glycine」這個字，是由希臘文中表示「甜味」意思的字改寫來的，也就是我真的有一點點甜甜的味道唷。所以也會被拿來當成帶出食物美味的鮮味劑，也能夠讓鹹味和酸味變得比較溫和。我雖然是個「少爺」，但可是在很多地方都非常活躍呢。

如果是被用來當成保存期限延長劑，通常都會直接標示我的名字「甘胺酸」，不會特別標示「保存期限延長劑」喔。

使用在哪些方面？

如果在超市買了熟菜、或者在便利商店買了便當，通常買了之後不會放太久，就要吃掉了對吧。這種情況下就不會使用保存用添加物，而會用我唷。最近由於大家重視健康，所以有很多「減鹽」、「去糖」的食品，但那樣對於食品來說，是菌類很容易增生的環境。為了不要害大家食物中毒，我才會大為活躍。

對身體是否有影響？

也是有人擔心我對身體造成影響呢。但是，我是胺基酸的一種，是人體當中用來打造蛋白質的物質喔。也就是說，對於人類要活下去，有非常重要的功效。所以就算是吃了很多，也不太需要擔心的呢。希望大家能好好取得飲食均衡，和我當好朋友喔。

在現代社會當中，甘胺酸的功效非常大呢喵。

我的夥伴

溶菌酶君

他的別名是「蛋白溶菌酶」，也是保存期限延長劑的一種，是從蛋白當中萃取出來製成的唷。溶菌酶君的能力是分解那些細菌用來打造細胞壁的成分，阻止菌類繼續增生。經常會使用在天然起司上，標示成「溶菌酶」。

綜合生育酚 大哥

我包含了四種維生素E喔！

防止食品氧化！

▷▷ 由植物油提煉而成。包含了四種維生素E，能夠防止食品的味道變質、風味變得不佳、又或者顏色產生變化。

▷▷ 若是使用油品的食物氧化的話，就會產生讓血管硬化的物質。我特別容易被添加在使用油品的食物當中，防止食品氧化保護人們的健康。

 在哪裡？

油脂產品（植物油等）　　奶油

速食拉麵 　　油炸食品

西式點心

標示方式

抗氧化劑（維生素E）

＊標示用途名稱與其別名

是什麼樣的食品添加物？

「生育酚」是打造出維生素 E 的物質。因此我還有個名字，就是「綜合維生素 E」。維生素 E 存在於稻米、小麥，以及大豆或玉蜀黍等植物製作的油品當中，所以我是從油品當中製作出來的唷。正如同我的名字裡有個「綜合」，我是將 α、β、γ、δ 四種生育酚混合在一起而成。

食物一旦接觸到氧氣、又或者照射到日光，就會產生「氧化」的現象。食物一旦氧化，顏色會改變、或者風味會變差、整體味道也會變得很奇怪。這樣的話，會讓人沒有食慾對吧。這時候就是我的表現機會啦！我會結合四種生育酚的力量防止食品氧化。

使用在哪些方面？

使用油品的食品，只要照射到日光，就會開始氧化，必須非常留心。如果持續食用氧化油品製作的食物，會造成血管硬化、對身體非常不好。

我非常容易溶於油類當中，因此對於那些含有油品的食物，能夠發揮十分強大的力量，防止它們氧化。這就是我經常用於使用油品的食物當中的理由。

對身體是否有影響？

據說就算大量食用，也不用擔心我對身體造成影響。話雖如此，可不能就大吃特吃用了油品的食品啊。使用油類的食品卡路里很高，大家也明白如果吃太多的話對身體不好吧。如果家人當中有人吃太多油脂類食品的話，要提醒他喔。

> 綜合生育酚是
> 對維護健康有很大功效的
> 食品添加物呢。

我的夥伴

L-己糖醛酸

別名又叫「維生素 C」。這是存在於橘子等柑橘類、或者各種蔬菜當中的抗氧化劑。非常容易溶於水，也很能抗酸。會使用在水果的果汁或罐頭當中。標示會寫著「抗氧化劑（維生素 C）」唷。

調整外觀用的
食品添加物

胭脂蟲色素君

β-胡蘿蔔素小弟

亞硝酸鈉君

　　在店面販賣的食物，真的都非常漂亮、光是用看的就覺得很開心吧。其實啊，這樣漂亮的外觀，有許多都是食品添加物的功勞唷。聚集在此處的我們，就是用來調整食品外觀用的食品添加物。

　　「著色劑」和「發色劑」具有讓食品顏色變漂亮的功效。食品原先擁有的顏色，會隨著時間經過而有所轉變，當中有很多食品會變黑、讓人看了就覺得無法提起想要吃它的心情。著色劑具有幫食品上色的功能；發色劑則是會讓顏色沒有那麼容易改變。著色劑有許多種類，本書介紹的是焦糖色素、胭脂蟲色素和 β-胡蘿蔔素三種唷。而發色劑的代表就是亞硝酸鈉了。

蜜蠟小弟

亞硫酸鈉大人

過氧化氫超人

II　I　III　IV

焦糖色素4兄弟

　　身為「漂白劑」的亞硫酸鈉和過氧化氫，也是我們的夥伴唷。漂白劑的功用，是去除食品的顏色，讓它們變成白的。讓食品變白以後，就能防止它們發黑；也能夠打造出讓著色劑比較好上色的底色。

　　「光澤劑」是幫食品上一層膜，使它們看起來亮晶晶的。在這裡現身的，是由蜂巢當中提取的蜜蠟唷。蜜蠟是經常被使用的一種光澤劑。

焦糖色素4兄弟

以棕色的力量提升食物風味！

在著色劑當中，用量是第一名喔。

▶▶ 其實我們有四個人。雖然大家都是棕色的，但性質上有稍稍的不同。

▶▶ 非常耐光和熱，也很容易溶於水，所以會用在沾醬、醬油、可樂等等食品當中。

在哪裡？

沾醬 　醬油 　可樂

啤酒 　洋酒 　咖啡 ☕

泡麵湯料包 　西式點心 🍪

標示方式

著色劑（焦糖）
＊與用途名稱一同標示

焦糖色素
＊標示物質名稱

是什麼樣的食品添加物？

你們喜歡布丁嗎？布丁上面會淋一層棕色的醬汁對吧？那個就叫做焦糖醬，有使用我們喔。焦糖醬的顏色，很能引發食慾吧？我們的功效，就是幫食品加上棕色的顏色，使它們看起來十分美味。

我們通常被統稱為「焦糖色素」，但其實有Ⅰ、Ⅱ、Ⅲ、Ⅳ總共四種。舉例來說，以砂糖及水加熱之後做出來的就是焦糖Ⅰ。不同種類的焦糖，製造原料的物質和性質都有著些許相異之處。我們也會被使用在不同的食品當中喔。

> 不管是用四種當中的哪一種焦糖，標示上都是寫「焦糖色素」呢。

使用在哪些方面？

我們從以前就會被用在沾醬和醬油上。這對於棕色的我們來說，是很稱職的工作吧？現在我們也還是很受歡迎，在著色劑當中，用量可是第一名呢。因為也非常耐光和熱，適合需要長久保存的食物；也很容易溶於水，要添加到食品當中非常容易。所以會被加進可樂或啤酒當中，大家也很容易理解吧。

對身體是否有影響？

有些人說，焦糖Ⅲ和焦糖Ⅳ會對身體有不好的影響。但是，世界上的專家集團都說，當成食品添加物時，用量其實非常少，並不會有什麼大問題。希望製作食品的人，也能聆聽大家的意見，根據值得信賴的資料來使用我們唷。

> 不同種類的食用色素，在某些國家可能會被禁止使用，不過在日本是沒什麼大問題的喵。

我的夥伴

食用色素紅色2號 小妹

淋在刨冰上的草莓糖漿，當中會使用這種紅色著色劑唷。會標示成「著色劑（紅2）」或者「紅色2號」。另外也還有「藍色○號」或「黃色○號」等等，合起來稱為「食用色素」唷。

胭脂蟲色素君

> 雖然非常耐熱和光，但也常常很隨興啦！

由昆蟲打造出來的著色劑！

▶▶ 在下的原料，是中南美洲一種叫胭脂蟲的昆蟲唷。由昆蟲製作的食品添加物聽說是很稀奇的唷。

▶▶ 會隨著食品的酸鹼性程度不同，而變化為不同顏色。

在哪裡？

罐裝飲料 　糖果 　果醬

火腿 　香腸 　魚板

標示方式

著色劑（胭脂蟲色素）
＊與用途名稱一同標示

胭脂蟲色素
＊標示物質名稱

是什麼樣的食品添加物？

在墨西哥及秘魯等中南美地區，有一種會從仙人掌獲取養分存活的昆蟲，叫做胭脂蟲，但我想大家應該不知道這件事情吧？在下呢，就是把這種胭脂蟲乾燥過後製作出來的著色劑喔。請不要因為我是用昆蟲做出來的，就覺得什麼好噁心喔！

我的出身地是非常炎熱、日照也很強的中南美，所以我也很能忍受光和熱唷。但是，我會隨著食品的酸鹼性程度而在顏色上有所改變，這個性質還真是讓人有點困擾呢。原本在下是有點紅紅的顏色，不過在酸性當中會變成橘色；在鹼性當中則是紫色的唷。這種很看心情的性質，大概就是在下的缺點了吧。

> 原料居然是昆蟲，真是令人驚訝！

使用在哪些方面？

在下會使用在罐裝飲料、火腿或香腸、魚板等等食品當中。如同我剛才所說的，由於我的顏色很容易變化，所以經常會與鉀鋁礬先生一起使用唷。鉀鋁礬先生具有讓顏色不容易變化的功效，所以就請他來幫忙啦。

對身體是否有影響？

有報告指出，吃了使用在下的食品的人當中，偶爾會有人發生過敏現象。但是仔細調查之後，發現過敏的原因並不是在下本身，而是原料的胭脂蟲當中所含有的某個物質。現在日本製造在下的時候，都會把那個物質去除的幾乎一乾二淨唷。

好朋友食品添加物

鉀鋁礬先生

我想，大多數的人，應該都不知道「鉀鋁礬」這麼硬梆梆的名字，而是認識他的另一個名字「明礬」吧。以食品添加物來說，他會被分類在膨脹劑當中，不過其實他也具有防止食物顏色產生變化的功效呢。從以前他就常被添加在茄子醃漬物裡，是為了保持茄子漂亮的紫色。標示的時候會直接寫成「明礬」，大家可以找找看他在哪裡唷。

β-胡蘿蔔素小弟

以黃色魅力展現食物美味！

我貝有著色劑的魅力，以及維生素A的力量喔！

▶▶ 我會讓食品變成鮮豔的黃色唷。因為很容易溶於油脂當中，所以經常會使用在奶油或乳瑪琳上面呢。

▶▶ 我在人體當中會以維生素A的身分工作，在維持大家的健康方面也非常活躍唷。

在哪裡？

奶油 　　乳瑪琳 　　起司

卡斯提拉蛋糕 　　冰淇淋

標示方式

著色劑（胡蘿蔔素）
＊與用途名稱一同標示

胡蘿蔔色素
＊標示物質名稱

是什麼樣的食品添加物？

將食品染成鮮豔的黃色、促進大家的食慾，就是我的工作唷。如果要讓食物外觀看起來漂亮又好吃，那就交給我吧！紅蘿蔔、薑、辣椒當中雖然都含有我這種成分，不過目前使用作為食品添加物的，幾乎都是用化學方法製造出來。

另外，我還有另一個名字叫做「原維生素A」。你問我為什麼會有這個名字？那是因為，我一旦進到人體當中，就會開始做維生素A的工作唷。維生素A會幫助身體成長、也能保持皮膚及眼睛的健康，是能夠在許多場合發揮功效的好成分。所以也有用我打造的營養保健食品唷。

是對健康也能有所幫助的物質呢唷。

使用在哪些方面？

因為我很容易溶於油脂當中，所以非常適合用來當成奶油或者乳瑪琳等油脂類食品的著色劑。不過，我有個缺點，是照射到光線就會壞掉。但是大家可以安心，因為我會和維生素C一起使用，這能讓我對於光線的抵抗力變強。這樣的話，就能夠讓食物有著鮮豔的黃色、看起來非常美味了！

對身體是否有影響？

目前幾乎沒有研究報告發現，把我當成食品添加物使用的時候，會對人體有什麼不好的影響。畢竟我是本來就在紅蘿蔔當中的物質，實在不必擔太多心。話雖如此，還是不能吃下太多我唷。因為我大多使用在油脂食品當中，吃太多的話會攝取太多卡路里，體重就會增加囉。

胭脂樹主要好像是栽培在熱帶地方唷。

我的夥伴

胭脂樹紅

這是一種從名為胭脂樹的植物種子當中製造出來的橘色著色劑。因為能溶於水也能溶於油脂當中，所以被廣泛使用在火腿或香腸、起司、乳瑪琳等食物上。標示會寫「著色劑（胭脂樹紅）」或者「胭脂樹紅」唷。

亞硝酸鈉君

阻止食品顏色改變！

我具有發色劑和保存用添加物兩種功效唷。

▷▷ 可以防止火腿或香腸等等加工食品的顏色改變。

▷▷ 也能夠抑制肉毒桿菌增生，這種細菌是造成食物中毒的原因。

在哪裡？

 火腿　 香腸　 培根

 罐頭肉類　 魚卵巢　 鱈魚子

標示方式

發色劑（亞硝酸Na）

＊與用途名稱一同標示

＊「Na」表示「鈉」

是什麼樣的食品添加物？

能讓食品維持原有的顏色、不要產生變化的，就是屬於發色劑的我——亞硝酸鈉唷。在店面販賣的火腿或香腸，都有著漂亮的粉紅色，魚卵巢和鱈魚子也都是漂亮的紅色對吧。其實那就是因為我們在裡面工作唷。如果沒有使用我的話，過了一段時間，食品就會開始發黑，我想大家看了一定都不會想吃的。順帶一提，會發黑是因為豬肉或魚肉等食物的肌肉和血液接觸到氧氣，而開始氧化呢。

我還有另外一個非常重要的功效唷。那就是防止名為肉毒桿菌的細菌增加，它是造成食物中毒的原因。也就是說，我也能夠做到保存用添加物的工作喔。

使用在哪些方面？

能夠使用我的，是火腿、香腸、魚卵巢和鱈魚卵等加工食品。因為如果把我用在肉類或魚類等生鮮食品當中，就會變成不管過了多久，但看起來好像還是很新鮮對吧？這樣的話，就會不知道食品到底是有多新鮮、還是已經放了很久？要是這樣，買東西就會非常困擾呢。

對身體是否有影響？

我和食品當中含有的其他物質結合之後，有時候會形成會致癌的物質。雖然這聽起來非常恐怖，但是大家不用擔心。因為我只會使用確保安全的用量，而且還會和維生素C一起使用，而他會防止我製造出致癌物質唷。

 想知道更多！食品添加物

「著色劑」與「發色劑」的不同

著色劑和發色劑的名稱十分相似，但大家會不會想，到底有哪裡不一樣？著色劑是具有「為食品上色」功效的食品添加物唷。相對地，發色劑作為食品添加物，功用是「讓食品原有的顏色不會改變」喔。

著色劑和發色劑，都是與顏色相關的食品添加物，不過他們有不一樣的功效喵喵。

亞硫酸鈉大人

如果要將食品變白，那就交給寡人是也。

去除顏色，讓食品變白！

▷▷ 寡人具有除去食品顏色、使它們變白的力量，也就是所謂的漂白能力。寡人的漂白力可是非常強的唷。

▷▷ 除了作為漂白劑以外，也會用來作為保存用添加物或抗氧化劑。寡人非常厲害吧！

在哪裡？

葫蘆乾 　　水煮豆類 　　甜納豆

罐頭櫻桃 🍒　　水飴 🥫　　蝦子 🦐

果乾（除了葡萄乾以外）

標示方式

漂白劑（亞硫酸鹽類）

＊標示用途名稱與物質種類名稱

是什麼樣的食品添加物？

美白是寡人非常自豪的工作，再怎麼說就是漂白嘛。所謂漂白，是將食品的顏色去除之後，讓它們變白，不過其實漂白有「還原」及「氧化」兩種方法。所謂氧化，就是給與食品氧元素，使其氧化之後去除原本的顏色。而還原則是相反，是藉由奪取食品當中的氧元素，來去除裡面的顏色。寡人的方法是還原。看到我白皙的臉龐大家應該就能明白，寡人的漂白力可是非常強的唷。

寡人自豪的除了美白以外，還有其他事情唷。寡人除了作為漂白劑以外，也能夠做保存用添加物或抗氧化劑的工作呢。寡人一個人可以做三個人的工作，是非常了不起的食品添加物吧。

> 要論美白，我可不會輸呢！

使用在哪些方面？

最常使用寡人的就是葫蘆乾啦。葫蘆乾是將屬於瓜科的葫蘆的外皮削成細長條狀之後曬乾的產品。如果直接曬乾的話，就會變得黑黑的，因此會在曬乾之前就使用寡人來進行漂白。另外還有做成罐頭的櫻桃，為了要讓它們能夠染上漂亮的顏色，所以會先漂白、幫顏色打底，這類情況也會使用我唷。

對身體是否有影響？

寡人的外表雖然是這樣，但其實刺激性還挺強的唷。雖然通常會在清洗的時候被沖掉，但若是殘留太多在食品上，對身體可是不太好呢。因此，使用了寡人的食品，也有規範只能殘留多少量唷。

> 亞硫酸鈉有規範可以使用的食品喵～。

寡人的夥伴

亞氯酸鈉 大人

和使用還原方法來漂白的寡人不同，他是使用氧化來進行漂白的漂白劑唷。會使用在罐頭的櫻桃或者桃子上面。亞氯酸鈉大人就算用在食品上，當食品完成的時候也會消失，所以通常不用標示也沒關係呢。這種食品添加物就被稱為「加工助劑」。

過氧化氫超人

讓竹筍乾乾淨淨！

對竹筍來說，我是唯一的漂白劑！

在哪裡？

雖然會使用在竹筍上，但幾乎不會殘留在店面販賣的商品當中。

標示方式

由於是加工助劑，因此可以不用標示。

▶▶ 竹筍能維持閃閃發亮的金黃色，就是我的工作成果。由於被我漂白過，竹筍才能呈現金黃色喔。

▶▶ 雖然這有點哀傷，但是因為我身為「加工助劑」，所以並不存在於你們吃的竹筍當中。在加工的時候就已經被分解掉了。

是什麼樣的食品添加物？

我是只會用在竹筍上的漂白劑。由於漂白的力量非常強，所以不能用在其他食品上。另外，也能夠殺死竹筍上面的菌類喔。在下過氧化氫對於竹筍來說，是不可或缺的存在。

使用在哪些方面？

你們所吃的竹筍，幾乎都沒有我的存在了。這是由於我是屬於「加工助劑」類的食品添加物，在食品加工的時候就會被分解、然後就不存在了。所以，並不需要擔心我會不會對身體產生影響喔。

蜜蠟 小弟

讓食品看起來亮晶晶！

我的原料是蜂巢唷。

在哪裡？

巧克力

西式點心

水果

咖啡豆

標示方式

光澤劑　＊標示用途名稱

蜜蠟　　＊標示物質名稱

▶▶ 我能夠讓食品亮晶晶的唷。光澤劑的光澤，就是東西會亮閃閃反光的意思。

▶▶ 蜜蜂的巢穴，是從蜜蜂肚子裡分泌出來的蠟打造成的唷。我就是用那個蠟做成的喔。

是什麼樣的食品添加物？

我是使用蜂巢做出來的，就像蜂蜜那樣，具有非常黏的性質、也很能延展喔。所以，非常擅長在食品上面覆蓋一層膜、讓食品閃閃發光。除此之外，也能夠防止食品被蟲子攻擊，對於保持新鮮度也非常有幫助。

使用在哪些方面？

我雖然會以光澤劑的身分用在巧克力等食品上，讓它們亮亮的，但也會用來讓口香糖變得很有韌性喔。這種時候我會被標示成「口香糖膠」，大家可以留心看一下。我活躍的場所可不是只有一個唷。

讓味道或香氣更棒的食品添加物

阿斯巴甜 小妹

蔗糖素 君

木糖醇 先生

　　吃東西的時候所感受到的味道，分為甜味、酸味、鹹味、苦味及鮮味五種。除了鹹味以外，都有食品添加物能夠為食物加上另外四種味道。另外，也還有會為食物增添香氣或辣感等，提升食品風味的食品添加物。也就是在本篇章登場的我們囉。

　　為食品增加甜味的就是「甜味劑」。他們可能比砂糖甜好幾倍；又或者卡路里較低、能夠對減肥產生助益等等，有各自不同的特色。下面就會介紹甜味劑中較具代表性的阿斯巴甜、蔗糖素和木糖醇。

　　「鮮味劑」是為食品增添鮮味的食品添加物。麩胺酸鈉鹽可說就是鮮味劑的代名詞，會使用在非

檸檬酸小弟

麩胺酸鈉鹽君

γ-十一酸丙酯公主

咖啡因大叔

辛香料萃取物小朋友

常多種食品上。

　　具有為食品增添苦味的，就是「苦味劑」，咖啡因是其中之一。如果添加在食品當中，就會有成熟大人的苦味唷。增添酸味的則是「酸味劑」。檸檬酸就是展現清爽酸味的重要添加物。

　　「辛香料萃取物」的種類五花八門，他們的功效就在於為食品添加香氣或辛辣感、提升食品風味。「香料」當中的 γ-十一酸內酯主要成分是桃子的香氣，除了為食品添加香氣以外，也會用來消除討人厭的氣味唷。

阿斯巴甜 小妹

我有著爽口的甜味和美妙香氣！

我的卡路里非常低，所以會被稱為「減肥用糖」喑。

▶▶ 我會帶給食品清爽的甜味。雖然我比砂糖甜很多，但是卡路里非常低，就是我的魅力所在喑。

▶▶ 雖然我非常地甜，但並不會造成蛀牙，大家可以安心。

在哪裡？

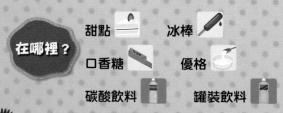

甜點　冰棒

口香糖　優格

碳酸飲料　罐裝飲料

標示方式

甜味劑（阿斯巴甜／
L-苯丙氨酸化合物）

＊與用途名稱一同標示

是什麼樣的食品添加物？

我能夠給食品帶來甜味，甜到絕對可以擄獲你唷。畢竟，我的甜度可是砂糖的200倍呢。而且我和砂糖很像，有著非常清爽的甜味唷。但是我的卡路里，卻只有砂糖的20分之1左右、香氣也很棒，所以對那些想要減肥的女性來說，可是個好夥伴呢。也有些人因此會稱呼我是「減肥用糖」唷。

我是由打造出蛋白質的兩種胺基酸，以化學方式製作而成。使用我的食品上面會標示出「苯丙氨酸」，就是這兩種胺基酸當中的一種。

竟然對減肥有幫助，真是太棒了！

使用在哪些方面？

由於我不是單純的甜，同時也帶有香氣，因此經常會使用在蛋糕之類的甜點上。而且，雖然我很甜，但是口味清爽、卡路里也低，所以也非常適合加在碳酸飲料當中。不過我呢，其實有點不耐熱。一旦加熱之後，我就不甜了唷。所以需要加熱的食品，就不太適合使用囉。

對身體是否有影響？

幾乎所有人，吃下我之後都不會對身體產生影響。不過，罹患苯丙酮尿症的人就不行囉。我的成分當中包含苯丙氨酸，在這類患者的身體當中會無法好好分解、也無法使用，所以就請避開使用我的食品囉。

只要看標示，就會知道有沒有使用苯丙氨酸喲。

我的夥伴

糖精君

這是曾經被懷疑對身體會造成不良影響，因此一度被禁用的甜味料。但是經過嚴苛的實驗之後，確定只要在固定的用量以下就沒有問題，因此又能夠作為甜味劑使用了。目前只會使用在口香糖上。會標示成「甜味劑（糖精）」。

蔗糖素君

雖然非常甜，但是卡路里為零喔！

說到甜味劑誰受歡迎，當然就是我囉。

▶▶ 我的甜度高達砂糖的600倍。但是，因為不會被身體吸收，所以卡路里為零喔。

▶▶ 非常容易溶於水，也很耐熱或酸、穩定容易使用，所以能夠使用在各式各樣的食品當中。

在哪裡？

罐裝飲料 　　乳酸菌飲料 　　西式點心

沙拉醬 　　清酒 　　紅酒

標示方式

甜味劑（蔗糖素）

＊與用途名稱一同標示

是什麼樣的食品添加物？

我真的非常甜唷。我的甜度，竟然高達砂糖的600倍！你會不會討厭這麼甜蜜的男人？但是，人家都說我的甜味是「不會讓人覺得膩、非常棒」唷，我想你一定也會喜歡我的。

我的原料是由甘蔗或者甜菜（日文當中又稱為砂糖蘿蔔）製作出的蔗糖，是砂糖的一種。雖然非常地甜，卻不會造成蛀牙，而且再怎麼

說，卡路里可是零呢，這應該就是我受歡迎的原因吧。另外，我也非常耐熱和耐酸，這樣的性質是我身為甜味劑最自豪的一點。我很甜卻很強悍，大家都能理解了嗎？

> 既甜蜜又強悍，兩者兼備的男人，還挺帥氣的嘛！

使用在哪些方面？

甜度高達砂糖的600倍，就表示只需要少少的用量即可。而且我非常耐熱又耐酸，性質也不太會有變化唷。就算我的外表看起來不太像，但我其實是個非常沉穩的男人唷。所以會被用在許多不同種類的食品上呢。還有，就算經過一些時間，我的甜度也不會有所改變，也很適合用在需要長期保存的食品當中。我很厲害吧？

對身體是否有影響？

由於有些動物吃了成分中含有我的食物，會有不良影響，所以也有人說最好不要吃我。但是，經過各種試驗，結果知道其實我並沒有太大的問題喔。而且我並不會被身體吸收、會直接排出，所以就算吃下去也不用擔心的。

> 蔗糖素在哪些食品上面能夠使用多少量，都是有規範的喵。

我的夥伴

甜菊萃取物

這是一種從名為甜菊的植物葉片製作的甜味劑。甜度大約是砂糖的300倍左右。主要是用於罐裝飲料、醃漬物、味增、醬油或者佃煮當中，標示會寫成「甜味料（甜菊）」唷。

木糖醇先生

由我自己說出口是不太好意思啦，不過我在甜味劑當中應該算是挺有名的吧。

明明有甜味，卻能預防蛀牙！

▶▶ 我具備的甜度和砂糖差不多，經常使用在口香糖上唷。

▶▶ 我啊，雖然有甜味，但卻不會造成蛀牙。不僅如此，我還能對預防蛀牙有所幫助呢！

在哪裡？
口香糖　糖果
巧克力　果醬

標示方式
甜味劑（木糖醇）
＊與用途名稱一同標示

是什麼樣的食品添加物？

我的名字叫做「木糖醇」，我想你應該曾經聽過吧？我是經常使用在口香糖上面的甜味劑，有著清爽的甜味唷。甜度大概跟砂糖差不多吧。

除了就算吃下我，也不會因此蛀牙以外，我還能夠預防蛀牙呢，很厲害吧。所以囉，

會覺得「要買口香糖，就挑裡面有加木糖醇的」這樣的爸爸和媽媽似乎也很多呢。

其實啊，草莓、李子、白花椰菜這類食物當中也都包含我這個成分，不過如果是要做成甜味劑的話，就會從名為白樺的樹木裡的一種叫做木聚糖成分當中提鍊出來唷。

使用在哪些方面？

我會用在巧克力、糖果和果醬等食品當中唷。但是，再怎麼說，最常使用我的還是口香糖啦。畢竟，光是吃我也能夠預防蛀牙嘛。除了吃的東西以外，還有些牙膏粉也會把我加進去唷！這樣大家也能明白，為何甜味劑當中我是最有名的吧。

對身體是否有影響？

有研究報告指出，如果把我餵給狗狗的話，會對牠們的肝臟產生不良影響。雖然這令我大受打擊，但我對人類是沒有什麼大影響的唷。不過，有些人如果吃下太多我，肚子會有點不對勁、甚至是會拉肚子的樣子。所以無論如何都不可以飲食過量唷。

口香糖也是不能吃太多呢。

我的夥伴

乙醯磺胺酸鉀君

雖然原料是從醋那個酸酸的成分作出來的，但卻有著砂糖200倍甜度，是非常神奇的甜味劑。最擅長的就是讓人快速感受到甜味。和其他甜味劑一樣，大多使用在低卡路里的罐裝飲料當中，標示會寫成「甜味劑（乙醯磺胺酸鉀）」或者「甜味劑（乙醯磺胺酸（K））」。

麩胺酸鈉鹽君

如果需要鮮味，那就交給我吧！

我可是被稱為「鮮味劑的代名詞」呢。

▶▶ 我啊，是昆布的鮮味成分，也是胺基酸的一種唷。能夠帶出各種食物材料的鮮味呢。

▶▶ 能夠緩和酸味及苦味，也可以讓味道更濃郁唷。

在哪裡？
醃漬物　　零食　　熟菜
便當　　魚漿製品(魚板等)
其他各種食品

標示方式

鮮味劑（胺基酸）
＊標示用途名稱與物質種類名稱

麩胺酸鈉鹽
＊標示物質名稱

是什麼樣的食品添加物？

使用了昆布做高湯的料理，實在非常美味對吧？口味深奧、有種令人感到沉穩的口味。理由正是昆布當中的鮮味散發出來，擴散到其他食材上的緣故。這種昆布的鮮味成分，就是我唷。

我除了自己本身就是鮮味以外，也能夠引出其他食物的鮮味，讓整體變得更好吃唷。

還有，我也能夠緩和酸味與苦味，還能讓食物變得更濃郁。也就是說，我是鮮味劑當中的萬能選手！提到「鮮味劑」，可能幾乎都是在說我呢。

我是胺基酸的一種，從甘蔗等原料提煉出來的唷。

使用在哪些方面？

因為我是鮮味劑的萬能選手，所以會用在多到數也數不完的食品上。因為我也非常容易溶於水，能夠混進各種食品當中，這應該也是我用在許多食品當中的理由之一吧。

但是，不管有多好吃，還是不可以大量使用我唷。因為這樣味道反而會變得很奇怪呢。

對身體是否有影響？

有些人說如果一次吃下太大量的我，可能會發生暈眩、顫抖，又或者覺得渾身無力。但是，經過科學的調查和實驗之後，確定就算吃下我，也不會有什麼大問題唷。真是讓我鬆了一口氣。如果我會對人體造成不良影響的話，實在是一件令我悲傷的事情。

> 不要聽信傳聞或者自己認定，以正確資訊來判斷是很重要的喵。

我的夥伴

丁二酸鈉 小妹

她是同為鮮味劑的夥伴，是蛤蜊、海瓜子、蜆類等貝類味道的成分唷。特徵就是沒有酸味吧。會標示成「丁二酸鈉」或者「鮮味劑（有機酸）」，用在魚板或魚肉香腸、佃煮等食物當中。

苦味劑

咖啡因大叔

增添大人成熟苦味！

我的粉絲很多都是大人呢。

在哪裡？

可樂

罐裝咖啡、
咖啡飲品

口香糖

標示方式

苦味劑
＊標示用途名稱

咖啡因
＊標示物質名稱

▶▶ 我是帶有苦味的苦味劑哪，具有讓人不容易睡著的功效，有些大人如果想揮別睡意的時候就會選擇我呢。

▶▶ 原本就是咖啡種子或茶葉當中含有的成分，我可是天然的食品添加物呢。

是什麼樣的食品添加物？

製造我的原始成分，是從咖啡的種子或茶葉當中提煉出來的。我是帶有些微苦味、很成熟大人的味道唷。這對於還是孩子的你們，要品嘗我可能還太早了。但是，喜歡我的苦味的大人還挺多的唷。

使用在哪些方面？

我具有使人興奮、讓人不容易睡著的功效唷。所以啦，有些大人在想睡覺的時候就會選擇我了。另外，我還有增加排尿量的效果。不過我會對胃部造成刺激，所以攝取我的時候要注意時間和身體狀況唷。

檸檬酸小弟

酸味！魅力在於清爽的

> 我是酸味劑當中最常被使用的唷。

在哪裡？

罐裝飲料		果凍	
果醬		糖果	
水果罐頭		醃漬物	

標示方式

酸味劑
＊標示用途名稱

檸檬酸
＊標示物質名稱

▶▶ 我是有酸酸味道的酸味劑唷。但是，並不是只作為酸味劑使用，我也經常會被當成pH值調整劑來使用，大大活躍唷。

▶▶ 我可以幫助抗氧化劑和保存用添加物，讓他們的力量發揮到最大唷。

 ### 是什麼樣的食品添加物？

吃檸檬的時候，是不是覺得雖然很酸，但有種清爽的味道、讓人覺得神清氣爽呢？那個清爽的酸味就是我唷。我啊，非常受歡迎，讓很多食品都帶有酸味喔。在各種酸味劑當中，我是最常被使用的。

使用在哪些方面？

我除了作為酸味劑以外，也還有許多種使用方式唷。舉例來說，也會被拿來當成調整酸鹼性程度的pH值調整劑。另外，如果把我和抗氧化劑或保存用添加物一起使用的話，防止氧化和保存的功效會更強唷。

辛香料萃取物 小朋友

有讓香氣變好的小組、和將辛辣度變強的小組喔。

以香氣及辛辣 提升風味！

在哪裡？

香腸　沙拉醬

速食食品　火腿

真空包裝加熱食品　沾醬

標示方式

辛香料萃取物、香料萃取物、辛香料、香料

＊標示用途名稱等

▶▶ 我們這些辛香料萃取物，只需要使用比真正的辛香料還少的量，就可以提升食品的風味唷。

▶▶ 所謂「辛香料萃取物」是綜合稱呼我們的名稱唷。

是什麼樣的食品添加物？

大家知道辛香料嗎？像是肉桂、生薑等等，辛香料能夠提升食物的香氣或辛辣度，讓食物風味變得更好喔。正如我們的名字所描述的，我們就是從那些辛香料當中萃取出香氣和辛辣的成分之後做成的。能夠在用量比辛香料少的情況下，一樣讓食品的風味變得更棒唷。

使用在哪些方面？

我們分為兩個小組，分別是像肉桂或者檸檬皮那種讓香氣更好的小組；以及像辣椒或生薑、芥末那種提升辛辣度的小組。雖然使用的食品有所不同，但一概都標示成「辛香料萃取物」唷。

γ-十一酸內酯公主

我的名字有點難念，但是香氣卻非常棒喔。

以甜甜桃子的香氣，展現出美味！

在哪裡？

冰淇淋

糖果

標示方式

香料

＊標示用途名稱

▶▶▶ 我的魅力就是甜甜桃子的香氣唷。這個魅力能夠帶出食品的美味。

▶▶▶ 因為我的香氣頗為強烈，因此也能幫忙遮蔽掉食品不好的氣味唷。

是什麼樣的食品添加物？

如果食品有很棒的氣味，就會感覺很好吃對吧。我是杏子和桃子的香氣成分，在香料當中也是香氣非常強烈的人唷。在冰淇淋等食物中添加甜甜桃子的香氣，就能夠展現出它的美味呢。很厲害吧！

使用在哪些方面？

我的目的就是幫食品增添香氣，所以自然會被當成香料來使用。但是，除了被當成香料以外，也會拿來作遮蔽用途，用來抹消一些不好的氣味唷。因為我的香氣很強，所以經常會被拿來用在遮蔽上呢。

提升品質的食品添加物

甘油酯君

植物卵磷脂君

　　食品添加物的功效之一，就是讓吃的人能夠感受到那個食品所擁有的口感及性質，也代表食品的品質。而我們「乳化劑」和「黏稠穩定劑」就具備這樣的功效。

　　乳化劑會讓不容易混在一起的水和油均勻混在一起，使食品的品質維持在一定水準。另外，除了水和油以外，也能讓空氣那樣的氣體和固體顆粒混合在一起唷。如果品質無法維持，那麼就會因為吃到不同部分而感受到不同的口感或性質，因此乳化劑是非常重要的。在這裡介紹的甘油酯和植物卵磷脂是最具代表性的乳化劑。

鹿角菜膠爺爺

玉米糖膠君

果膠姊妹

　話說回來，你們喜歡果凍嗎？在夏季炎熱日子裡，冰得涼涼的果凍很好吃對吧？尤其是那個QQ的口感真是讓人一口接一口。要做出這樣的果凍，就需要黏稠穩定劑的幫忙唷。要變成果凍狀這個步驟，稱為膠化，而黏稠穩定劑的功效就在於此。黏稠穩定劑也還有其他功用，像是要讓沙拉醬或者沾醬有黏稠感的黏稠劑；又或讓品質維持一定水準的穩定劑。以下會介紹三種黏稠穩定劑，分別是鹿角菜膠、玉米糖膠以及果膠。他們各有特色，會使用在不同的食品上。

乳化劑

甘油酯君

讓水和油感情融洽！

雖然原本水和油非常不合，但只要有我，它們一下就能感情融洽囉。

▶▶ 我能夠把水和油拌在一起。這種叫做「乳化」的能力就是我最自豪的啦。

▶▶ 我能夠乳化食品材料，這樣不管吃到食品的哪個部位，味道都是一樣的喔。

在哪裡？

冰淇淋　　麵包　　蛋糕

乳瑪琳　　奶油球

鮮奶油（液狀）　　罐裝咖啡、咖啡飲料

標示方式

乳化劑
＊標示用途名稱

甘油酯
＊標示物質名稱

是什麼樣的食品添加物？

所謂「乳化」啊，是讓水和油這種原本不太容易混在一起的東西，好好融合在一起的功效。我的工作，就是讓食品材料當中不容易混合的東西乳化成一體。被乳化的材料，就會成為擁有相同性質的同一種材料。我的乳化能力，很像是魔法吧！

我從很久以前就被全世界當成乳化劑來使用，現在也還存在於許多食品當中。由我自己說出口還真令人害羞，不過我可以說就是乳化劑的代表吧。

藉由讓材料乳化，食品的品質也會變得穩定，不管吃下或喝下哪個部分，都會是相同的味道。這就是說我也能提升食品的美味程度喔。

乳化隱藏了美味的秘密呢！

使用在哪些方面？

最常使用我的就是冰淇淋。我負責把材料當中的乳脂肪（油類的夥伴）和水混在一起唷。冰淇淋不管吃到哪個部分，口感都是一樣的，就是靠了我唷。還有，雖然從外觀上看不出來，不過冰淇淋為了讓口感溫和，其實當中含有許多小小的氣泡。做出這些氣泡的也是我唷。

對身體是否有影響？

我是脂肪的夥伴，是身體需要的營養素之一唷。所以啦，被拿來當成食品添加物時的用量，就算吃了也很難想像會對身體有什麼不良影響。但是，不能因為非常喜愛冰淇淋就吃太多唷。如果吃了太多的話，可是會弄壞肚子的呢。

我也曾經吃了太多冰淇淋，結果弄壞肚子呢。

想知道更多！食品添加物

將水和油混在一起的機制

乳化劑的機制，如果用火柴棒的形狀來比喻，應該就能容易理解它的效用。前端圓圓的部分具有與水親近的性質，而棍子的部分則容易與油類接近。所以水會往前端圓圓的地方聚集；而油則會聚集在棍子那一端，這樣水和油就能混在一起了。

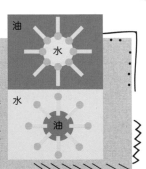

油

水

水

油

乳化劑
植物卵磷脂君

用大豆的力量，協助人類製作巧克力！

除了乳化以外，我在許多場景當中都非常活躍唷。

▶▶ 我是能把水和油混合在一起的乳化劑。是由大豆等原料製造出來的天然乳化劑唷。

▶▶ 除了乳化劑的工作以外，我還有能夠防止爆油的作用，也能夠降低黏稠感程度唷。

 在哪裡？

巧克力 　　乳瑪琳

餅乾 　　速食拉麵

生奶油(打發) 　　翻炒用油

標示方式

乳化劑
＊標示用途名稱

植物卵磷脂
＊標示物質名稱

是什麼樣的食品添加物？

我呢，通常都存在植物的大豆或者油菜種子當中。所以名字當中才會有個「植物」。而「卵磷脂」這種乳化劑小組，除了我以外也有從蛋黃製作出來的蛋黃卵磷脂等等，在製作食品的時候都非常活躍呢。

我的功用當然是乳化，使水和油混合在一起，不過其他也還有很多作用喔。我介紹一個比較令人訝異的好了。當媽媽在炒菜的時候，是不是會覺得「爆油非常困擾」呢？這種時候可以使用添加我的翻炒用油唷。問我為什麼，那當然是因為我有防止爆油的能力囉。

> 要告訴媽媽喵喵～！

使用在哪些方面？

經常使用我的就是巧克力。巧克力原料當中的可可亞，含有相當多名為可可脂的油類成分。為了讓這種油類能和許多含水的材料好好混在一起，我就會以乳化劑的身分工作唷。另外，製作巧克力的時候，也能夠降低巧克力的黏稠感，提升工作效率呢。

對身體是否有影響？

我的原料是大豆，使用我的食品當中會標示著「植物卵磷脂（大豆）」或者「乳化劑（大豆）」呢。會這樣標示，是因為有些人會對大豆過敏。因此有大豆過敏的人，還請留心一下標示喔。

> 仔細看食品標示，能夠明白很多事情呢，得要好好確認喔。

我的夥伴

蔗糖脂肪酸酯王子

這是從甘蔗等含有的一種名為蔗糖的物質所製造出來的乳化劑唷。特色就是不管和水或者油都相處得很好。特別常使用在生奶油上。會被標示成用途名稱的「乳化劑」又或者是「蔗糖酯」唷。

鹿角菜膠爺爺

讓食品有各種口感！

老頭子我是萬能型的黏稠穩定劑呀。會用在各種食物上喲。

▶▷ 老頭子我能夠做到黏稠穩定劑所具備的三種工作呢。不管是柔軟的食品、還是有點硬的食品，都交給我吧。

▶▷ 也能夠為各種食品帶來彈性喔。

 在哪裡？

果凍　　冰淇淋　　布丁

沙拉醬 　　魚板 　　香腸

沾醬 　　火腿　　罐裝咖啡、咖啡飲料

標示方式

膠化劑（鹿角菜膠）、
黏稠劑（鹿角菜膠）、
穩定劑（鹿角菜膠）
＊與用途名稱一同標示

是什麼樣的食品添加物？

老頭子我是用海草當中的海藻製作的黏稠穩定劑唷。黏稠穩定劑有三種功效。第一個就是當作膠化劑，讓食品凝固成果凍狀，做出彈潤的口感等。第二個就是作為黏稠劑，增加食物的黏度感，讓食品能夠有滑稠或者比較順的口感。第三個就是穩定劑，讓食品中各式各樣不同的成分維持在穩定的狀態。

老頭子我能夠做到這三件工作，而且還非常容易溶於水，所以能夠用在許多食品上唷。所以老頭子我啊，可以說就是黏稠穩定劑當中可靠的長老吧。

食品的口感和咬感真的很重要呢。

使用在哪些方面？

老頭子我能夠讓果凍或布丁彈潤有力；也可以凝固羊羹；或者讓冰淇淋有入口即化的口感；又或者使沾醬有濃稠感。另外還有在做沙拉醬的時候，也能幫助乳化、使材料的狀態穩定；又或者是讓魚板、竹輪類的食品有彈性。不管是軟的還是硬的食物，都用的上我呢。

對身體是否有影響？

有研究報告指出，如果讓動物吃了老頭子我，會出現一些對身體不好的影響。想到那些動物，我就忍不住要掉淚。我想一定是讓牠們吃了很多吧。老頭子我被當成食品添加物的時候，用量就算給人類吃，也不會有什麼大問題，我深信如此。

考量用量問題是很重要的喵～。

我的夥伴

關華豆膠奶奶

這是由豆科植物關華豆所製造的黏稠穩定劑。原本就有很強的黏稠感，但如果能和其他黏稠穩定劑一起使用，黏稠感就會更強。會使用在沙拉醬或沾醬當中，標示成「穩定劑（關華豆）」或「黏稠劑（關華豆）」唷。

黏稠穩定劑
玉米糖膠君

讓沾醬變的稠稠的！

> 我最自豪的，
> 就是卓越的黏度唷！

▶▶ 我有非常強烈的黏稠感唷。而且不管溫度如何變化，黏稠強度也幾乎不會改變。

▶▶ 我也不太容易受到鹽分或濕度的影響唷。這表示我自己非常能夠保持自我呢。

在哪裡？ 沾醬 調味汁 沙拉醬

醃漬物 真空包裝加熱食品

標示方式

黏稠劑（玉米糖膠）、
穩定劑（玉米糖膠）

＊與用途名稱一同標示

是什麼樣的食品添加物？

我啊，是讓澱粉等物質發酵之後製作出來的黏稠穩定劑唷。所謂「發酵」，就是利用菌種，來幫助人類做出食物之類的，大家有聽說過嗎？

除了我以外，還有很多黏稠穩定劑，不過我最自豪的，就是我的黏稠感比我的夥伴們都強唷。而且如果我和刺槐豆膠君之類的，其他黏稠穩定劑一起使用的話，我的黏稠感就會更強烈唷。

不會受到周遭影響，應該也是我的自豪之處吧。我的黏稠度強烈，不管在溫度高或者低的環境當中，也幾乎不會產生變化，也不會受到食品當中含有的鹽分影響。還有，我也能溶解在冷水當中，所以很容易混進食品裡唷。

使用在哪些方面？

我經常被使用在豬排醬等沾醬當中，或者是烤肉用的調味汁裡面唷。這些食品如果有點黏稠，才能夠淋在食物上也不會直接流掉吧？那就是靠我工作辦到的唷。另外，沾醬或者調味汁當中都添加了不少鹽分，我也非常耐鹽，所以能夠好好做到我黏稠穩定劑的工作呢。

對身體是否有影響？

我就算進入人類的身體裡，也不會被吸收、而是直接排出去，所以就算吃了也不會有什麼大問題唷。但是，使用我的食品大多含有許多鹽分。吃下太多鹽的話對身體不好，所以享用加了我的食品時，還是應該要多注意唷。

得要小心不能淋太多豬排醬才行呢。

我的夥伴

刺槐豆膠君

這是由一種叫做刺槐豆的植物所製造的黏稠穩定劑，刺槐豆主要栽培於地中海沿岸。有強烈黏稠感，如果和其他黏稠穩定劑一起使用，就能增加膠化強度。會標示為「黏稠劑（刺槐豆）唷。

黏稠穩定劑

果膠姊妹

我們姊妹最擅長的就是膠化唷。

HM果膠　　　LM果膠

讓果凍能夠Q彈有勁ㄟ！

▶▶ 我們果膠，是非常擅長膠化的姊妹唷。因為我們的個性不太一樣，所以也會使用在不一樣的食品上呢。

▶▶ 姊姊HM果膠能夠把含糖量較多的食品、或者是有強酸的食品膠化呢。妹妹LM果膠，則可以在加入鈣之後讓食物膠化唷。

 在哪裡？　　果凍 　果醬 　冰淇淋

乳酸菌飲料

 標示方式

膠化劑（果膠）

＊與用途名稱一同標示

我們的名字叫做「果膠」，是不是很可愛呢？我們自己也很喜歡呢。果膠原文的「pectin」在希臘文當中是「凝固」的意思。所謂「凝固」就是指讓一種東西聚集在一起變硬喔。我認為這個字非常能夠表達我們的工作內容呢。畢竟，我們主要的工作就是膠化，也就是讓食品變成像果凍那樣唷。所以

經常會使用在果凍或果醬當中。

我們雖然不太有黏稠感，但是非常耐熱也很耐酸唷。我們並不只是外表可愛而已，其實也是很強悍的唷。

我們是從葡萄柚、檸檬或者萊姆等等柑橘類，又或者是蘋果當中含有的成分製造出來的唷。

使用在哪些方面？

姊姊HM果膠在含糖量較多、或者酸性較強的環境下能夠將食品膠化。所以經常使用在糖分較多的果醬、或者優格飲料這類有較強酸性的食品當中。妹妹LM果膠，則是在糖分較少的情況下，只要加點鈣就能夠將食品膠化，所以糖分較少的果醬、或者抑制了酸味的甜點等等就會使用喔。

對身體是否有影響？

我們是從柑橘類或者蘋果等水果當中製作出來的。所以，我想應該是不需要擔心會對身體有什麼不良影響啦。不過呢，成分當中含有我們的果醬，有一些含糖量非常高，如果吃太多的話，可能會變胖唷。要注意不能攝取太多糖喔。

> 我非常喜歡果醬，但也得注意不能吃太多呢！

 想知道更多！食品添加物

使用多種黏稠穩定劑時的標示方式

不同食品可能會為了加強效果，而使用多種黏稠穩定劑。這種時候就不會標示出物質名稱，而是寫「穩定劑（黏稠多醣類）」或者是「膠化劑（黏稠多醣類）」唷。還有，如果只是為了加強黏稠度而使用的話，那麼標示「黏稠多醣類」就可以了唷。

製造或加工時必須使用的食品添加物

鹼水君

氯化鎂君

酵母食品小妹

在你們周遭，有非常多種類的食品對吧。其實當中，有許多東西如果沒有食品添加物，就非常難以製作、甚至可能會做不出來喔。在這裡出場的我們，就是這些製作食品時不可欠缺的食品添加物。

以小蘇打這個名字為眾人所知的是碳酸氫鈉先生。他是屬於「膨脹劑」這種食品添加物，只要加熱就會產生氣體，能夠讓食品整個膨脹起來唷。他會被用在製作餅乾的流程當中。

豆腐是將大豆磨碎之後，把豆漿凝固做成的，這時候會在裡面大為活躍的就是氯化鎂唷。因為

碳酸氫鈉先生

磷酸鹽小隊

是要凝固豆腐用的，所以他被稱為「凝固劑」。

　　能夠把火腿或者香腸等原料當中的肉塊與肉塊結合在一起的，就是身為「結著劑」的磷酸鹽小隊。小隊當中有各種成員，出現在各種結合食品的場面當中。

　　製作麵包的時候使用的則是「酵母食品」。要做出膨鬆好吃的麵包，絕對不可以少了她。「鹼水」則是在製作拉麵的時候，一定要用上的東西。沒有鹼水的話，就沒辦法做出拉麵那種獨特的嚼勁口感囉。

碳酸氫鈉先生

讓餅乾膨脹起來！

在下我另一個名字叫做「小蘇打」，這個名字大家很熟唷。

▶▶ 只要把在下加熱，我就會產生氣體，而這些氣體就能夠讓食物膨脹起來唷。

▶▶ 在下有一點點兒苦，所以會和其他膨脹劑一起使用，來緩和我的苦味。

 在哪裡？

餅乾 　　烘焙點心 　　銅鑼燒

鬆餅 　　日式甜點

標示方式

膨脹劑
＊標示用途名稱

小蘇打
＊標示物質的別名

是什麼樣的食品添加物？

在下是膨脹劑。很幸運地，我有個叫做「小蘇打」的別名，所以大家都跟我挺熟的吧。

我被加熱的時候，就會產生氣體，藉此讓食物膨脹起來，這就是我的工作了。但是其實呢，在下一個人能夠產生的氣體並不是很多，所以說來真不好意思，我會請其他膨脹劑夥伴們幫助我，比如L-酒石酸氫鉀等。有了夥伴們的協助，在下讓食品膨脹起來的力量，就會變成兩倍強唷。

另外，如果只加熱在下的話，會殘留一些苦味在食物上。因此，也會藉由其他膨脹劑的力量，來緩和在下的苦味啦。

使用在哪些方面？

在下和L-酒石酸氫鉀搭檔使用的時候，讓食品膨脹的力量非常強唷。在下通常用在烘焙類點心上，尤其是餅乾特別會用上我。除此之外，製作鬆餅和日式點心的時候，也常常會找我過去呢。我會被用在西式甜點、也會被用在日式甜點上，在下真是個幸福的人呢。

對身體是否有影響？

作為膨脹劑使用的時候，在下的用量並不多。所以就算吃下使用我的產品，我想應該也不需要太擔心的。不過，包含餅乾在內，使用了我的食品，大多數都含有不少糖分，所以絕對不能吃太多唷。

吃東西的時候，除了食品添加物以外也還有很多事情要注意呢。

在下的夥伴

L-酒石酸氫鉀

他是經常和在下一起使用的膨脹劑。我非常受到他的照顧。特徵就是效用非常快速，會用在蒸麵包或者蒸蛋糕等食物當中。標示上會寫著「膨脹劑」或者「重酒石酸K」等喔。

凝固劑
氯化鎂君

讓豆漿快速凝固！

我的凝固速度超級快，會拿來做板豆腐唷。

▶▶ 我的工作是讓豆漿凝固唷。特徵就是凝固的速度非常地快。

▶▶ 我的成分幾乎就是鹽滷，是把海水裡面的鹽分去除之後製作出來的唷。

 在哪裡？ 豆腐 ⬜ 豆皮 ⬛

 標示方式

豆腐用凝固劑、凝固劑
＊標示用途名稱

氯化鎂（鹽滷）
＊標示物質名稱

66

是什麼樣的食品添加物？

大家知道豆腐是怎麼做出來的嗎？要先把大豆磨碎、榨出豆漿，凝固之後就會變成豆腐了唷。把豆漿凝固起來，就是我的工作啦。像我這樣能夠把豆漿凝固成豆腐的食品添加物，就叫作凝固劑、或者是豆腐用凝固劑唷。

大家有聽過「鹽滷」這種東西嗎？這是一直烹煮海水、煮到乾掉之後製作出來的東西，我的成分就幾乎都是鹽滷喔。所以啦，我也可以被標示成「氯化鎂（鹽滷）」唷。

以前製作豆腐的時候，會使用天然的鹽滷，不過最近我也經常露臉呢。

「鹽滷」又叫做「苦汁」喵。
如同字面敘述，它會苦喵～。

使用在哪些方面？

豆腐有板豆腐和嫩豆腐兩種對吧。這兩種豆腐的不同之處，其實就是凝固速度唷。板豆腐會非常快速地凝固，相對的，嫩豆腐則是讓較濃稠的豆漿慢慢地凝固。所以啦，兩種豆腐會使用不同種類的凝固劑。我能夠讓豆漿快速地凝固，所以是用在板豆腐當中唷。

對身體是否有影響？

我的原料是海水，所以可以安心食用唷。而且啊，因為我們凝固劑奮力工作製作出來的豆腐，卡路里很低、又含有豐富的蛋白質，被認為是健康食品呢。

但是如果吃下太多我、量太大的話，還是有可能弄壞肚子，所以吃東西的時候還是要考量均衡問題喔。

我的
夥伴

硫酸鈣 小妹

這位就是用來製作嫩豆腐的凝固劑唷。因為會耗費比較長的時間來讓豆漿慢慢凝固，所以就會變成非常細緻的豆腐唷。用了這種添加物的食品上，會標示「凝固劑」或者「豆腐用凝固劑」唷。

板豆腐和嫩豆腐，
差別原來是在凝固速度不一樣啊！

磷酸鹽小隊

讓肉類黏合在一起，製作火腿和香腸！

我們可以讓肉和肉「結著」在一起，而不是「黏合」在一起唷。

▶▶ 保持水分、讓原料當中的肉類不會分崩離析，就是我們的工作唷。

▶▶ 我們磷酸鹽小隊有許多成員唷。

 在哪裡？

火腿 　　香腸 　　麵類

魚漿產品（魚板等）　　水產類罐頭

組合肉（骰子牛排等）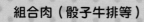

標示方式

三聚磷酸鈉
＊標示單獨磷酸鹽名稱

磷酸鹽（Na、K）
＊若使用多種磷酸鹽，就會標示物質名稱與元素符號

是什麼樣的食品添加物？

在店裡面擺出來的火腿和香腸，看起來都有著漂亮的形狀對吧，但其實一開始並不是那樣的唷。要問為什麼，那當然就是由於原料的肉類要經過各種加工之後，才會變成筒狀呢。而在加工途中會添加進去，讓肉類與肉類不會分開，這個連結的工作，就是由我們結著劑擔任的囉。

我們「磷酸鹽」是以小組活動來進行工作的。磷酸鹽小隊包含了三聚磷酸鈉小妹、偏磷酸鉀小妹、焦磷酸鈉小妹等，成員非常多唷。

我們可以保持肉類的水分、提高它的彈性，讓肉類不會分崩離析喔。

使用在哪些方面？

在製作火腿或香腸的時候，有一道加工程序叫做「醃漬」。這是為了延長保存時間、並且讓食物的味道更加豐富，所以會把原料的肉類拿去用鹽巴醃一下。我們會在醃漬流程的前後混在肉類當中使用，使肉和肉能夠結著在一起唷。不同食品當中可能只會使用我們小隊當中其中一種，也有些食物會同時使用好幾種唷。

對身體是否有影響？

有人說，如果我們大量進入人體的話，會對某些人的腎臟產生不良影響，又或者有讓骨頭變得非常脆弱的危險。這實在是太令人難過了。但是，調查食品添加物安全性的專門機關表示，火腿和香腸當中的含量非常少，已經確認並不會有太大的問題唷。所以我想只要不要過於大量的攝取，應該是不用擔心的。

我們的夥伴

小麥粉哥哥

小麥粉是麵包等食品的原料，但也會被當成結著劑來使用唷。小麥粉是將儲備小麥養分的小麥胚乳磨成粉末，如果加水揉合就會有黏稠感，因此也會被拿來作為結著劑使用。尤其是會用在製作蕎麥麵方面。因為只有蕎麥粉的話，是無法有黏稠感的唷。

小麥粉也是食品添加物呢！

酵母食品小妹

我能幫忙製作好吃的麵包！

使用我的話，麵包的味道和香氣都會更棒唷。

▶▶ 為了要讓麵包膨脹起來，最重要的就是名為酵母的微生物要在裡面活動，而我就是那些酵母的營養來源唷。

▶▶ 我是由16種物質當中幾種混合而成的。要使用哪幾種、各自用多少分量，就要看製作麵包的人來決定囉。

在哪裡？ 麵包 　甜甜圈

標示方式

酵母食品
＊標示用途名稱

是什麼樣的食品添加物？

要做出蓬鬆又好吃的麵包，必須要有發酵這道工程。而發酵過程當中，最重要的就是名為酵母的微生物在裡面工作，我就是為了讓他們精力十足地工作而提供給他們的營養唷。要製作好吃的麵包，就需要我的幫忙，這點大家能夠理解了嗎？

我是由16種不同的物質當中，混合幾種做出來的，包含氯化鎂、氯化銨等等。要選擇哪幾種東西、又分別要用多少，會因為製作的麵包不同而有所改變，所以麵包店會自己變更唷。也就是說，我的內容物在不同麵包店也會不一樣唷。

就算內容物不同，但我都是被標示成「酵母食品」唷。

使用在哪些方面？

我活躍的地方，當然就是麵包的麵團裡面了。酵母活動的時候非常需要氮、磷、鉀這三種東西。麵包的麵團當中雖然會含有足夠的磷和鉀，氮卻非常少。所以含有氮的我就該上場啦。不管是吐司麵包、法國麵包還是菠蘿麵包，我會讓所有麵包都變的很好吃唷。

對身體是否有影響？

有些人認為，我在進入人類的身體之後，會讓骨頭變的非常脆弱。聽說這件事情的時候，我真的受到很大的打擊呀。我還以為自己就此不能夠再幫忙製作麵包了呢。不過呢，我是被判斷具備安全性，才被認可成為食品添加物的，所以大家可以安心啦。我今後也會繼續幫忙做麵包唷。

關於統括名稱標示

由許多種類的物質、各自只有少許用量組合成的食品添加物，可以將大家的功效統整起來用一個名字來標示唷。舉例來說，我們酵母食品雖然混合了非常多種類的物質，但標示的時候並不是個別的物質，而是統整為「酵母食品」喔。畢竟比起個別物質，我的統括名稱比較容易理解，因為這個理由，所以像我這樣的標示就是「統括名稱標示」唷。

鹼水君

如果沒有我鹼水，
就沒辦法做出拉麵喑！

打造拉麵的嚼勁！

▷▷ 拉麵的口感和風味，
就是我做出來的喑。
我呢，是16種物質的
一種、或者好幾種混
合而成的喔。

▷▷ 拉麵會因為我的內容成分
不同，而有不同的口感和
風味呢。比如甜味比較強
烈的麵條、或者有些黏稠
感的麵條等，看每間拉麵
店想要做什麼樣的麵條，
就會自己考量我的成分要
用哪些材料喑。

在哪裡？　　　中華拉麵 　　速食拉麵

饂飩皮

標示方式

鹼水

＊標示用途名稱

 72

是什麼樣的食品添加物？

我想，在各位之中應該有人非常喜歡拉麵吧，而要做出拉麵的麵條，就一定需要我來工作唷，我想大家應該不太知道這件事情吧。我呢，是由碳酸鈉、碳酸鈣等等共16種物質當中，選取一種或者好幾種混合在一起。

用了我之後，拉麵的嚼勁就會變強，也會增添滑順感喔。拉麵那種獨特的稀哩呼嚕口感，就是我的工作成果唷。還有，我也會讓麵條變成淡黃色的，拉麵就能夠有獨特的風味唷。也就是說，沒有我的話就做不成拉麵了。我希望大家能夠更加明白我的活躍之處。

「鹼水」也是統括名稱標示喵。

使用在哪些方面？

拉麵會因為我的內容成分不同，而產生不同的口感和風味唷。看是想做柔軟又有強烈甜味的麵條、還是想做比較黏稠感的麵條，每家拉麵店會自己思考要用哪幾種物質、比例又該使用多少喔。也許平常大家不太會注意到，但拉麵其實是內在非常深奧的食物呢。

對身體是否有影響？

有些人會擔心我的成分當中，是不是有會損傷腸胃、又或者對身體產生不良影響的物質。但是，目前已經確認我的安全性，只要不吃太多就沒有問題囉。比起我來，拉麵本身含有非常大量的鹽分及脂肪，千萬不能忘記，這些都不可以攝取過多唷。

我的夥伴

丙二醇

雖然他不是鹼水，但也是使用在麵類上的夥伴。能夠讓食品產生帶濕潤的觸感，所以經常被用在烏龍麵或者蕎麥麵的生麵上。除此之外也有防止乾燥、抑制細菌活動以防止造成食物中毒的功效，所以是會被使用在許多食物上的食品添加物之一。標示會寫著「丙二醇」唷。

讓營養成分更加強化的食品添加物

營養強化劑

L-甲硫胺酸 君

補充不足的營養！

守護你們的健康，就是我們的工作唷。

▶▶ 我們營養強化劑，工作就是補充大家身體必須要有的營養唷。

▶▶ 營養強化劑的種類很多，L-甲硫胺酸是胺基酸、核黃素是維生素、檸檬酸鈣則是礦物質，是各個團體的代表喔。

核黃素 小妹

檸檬酸鈣 小姐

在哪裡？

小麥粉 　麵包 　麵類

味增 　醬油 　西式點心

營養飲料

標示方式

若使用目的是為了增添營養，則可以不必標示。

74

是什麼樣的食品添加物？

你們現在能夠活力十足的過日子，是因為每天吃下食物、而身體會吸收食物當中含有的各種營養素唷。但是，如果過著不規則的生活、或者因為個人喜好而沒有均衡攝取飲食，那麼身體就無法獲得充分的營養。還有，食品在加工、或者保存一段時間之後，營養素也會流失、或者可能變得比較少。

這種時候，補充身體必須要有的營養成分，就是我們營養強化劑的工作了。營養強化劑有許多種類，大致上區分為胺基酸、維生素及礦物質三個群組。我們就是各自群組的代表人物唷。

使用在哪些方面？

我們分別會被添加在麵包或西式點心、調味料等各種食品當中，補充營養成分。不過，就算含有我們這些營養強化劑，也不必標示在食品上。當然，也有些食品，比如是像營養飲料那種，為了要展現出這個食品對於健康很好以及營養豐富等，就會把我們的名字都標示出來囉。

對身體是否有影響？

雖然很多人會覺得，盡量多吃我們應該對身體比較好吧，但其實並不是這樣的唷。這是因為，不管什麼樣的東西，如果一次有太大的量進入身體，都可能會發生問題的。就算是為了健康而必須攝取的東西，大家也要記得，吃太多還是不好唷。

如果是為了健康的話，基本上就是「什麼東西都要均衡」喵喵。

想知道更多！食品添加物

「營養強化劑」群組

營養強化劑主要有三個群組，分別有重要的工作內容。L-甲硫胺酸君是屬於「胺基酸」，能夠製造出打造身體的材料，也就是蛋白質。核黃素小妹所屬的「維生素」則具有讓肌膚及頭髮保持美麗的功效。檸檬酸鈣小姐則是「礦物質」，這可是骨骼與牙齒的材料唷。

食品添加物角色清單

來複習一下，探險活動當中遇到的食品添加物吧喵～

保存用添加物

山梨酸鉀

→p.14

▷ 抑制菌類增加。
▷ 用在各式各樣的食品當中。

保存用添加物

苯甲酸鈉

→p.16

▷ 抑制菌類增加。
▷ 適合用來保存液體。

保存期限延長劑

甘胺酸

→p.18

▷ 讓食物能放久一點點。
▷ 用在便利商店的便當等食品裡。

抗氧化劑

綜合生育酚

→p.20

▷ 防止食品氧化。
▷ 用在使用了油品的食品當中。

著色劑

焦糖色素

→p.24

▷ 為食品染上棕色色調。
▷ 有I、II、III、IV四個種類。

著色劑

胭脂蟲色素

→p.26

▷ 原料是昆蟲。
▷ 會因為環境不同而變色。

著色劑

β-胡蘿蔔素

→p.28

▷ 把食品染成黃色。
▷ 具有維生素A的功效。

發色劑

亞硝酸鈉

→p.30

▷ 防止食品變色。
▷ 使用在火腿及香腸當中。

漂白劑

亞硫酸鈉

→p.32

▷ 去除食品的顏色。

▷ 用在葫蘆乾上。

漂白劑

過氧化氫

→p.34

▷ 漂白竹筍。

▷ 在食品加工的時候就被分解掉。

光澤劑

蜜蠟

→p.35

▷ 讓食品外表亮晶晶。

▷ 原料是蜜蜂的巢窩。

甜味劑

阿斯巴甜

→p.38

▷ 讓食品有清爽的甜味。

▷ 卡路里很低。

甜味劑

蔗糖素

→p.40

▷ 甜度是砂糖的600倍。

▷ 卡路里為零。

甜味劑

木糖醇

→p.42

▷ 和砂糖差不多甜。

▷ 能幫助預防蛀牙。

鮮味劑

麩胺酸鈉鹽

→p.44

▷ 帶出食物鮮美的味道。

▷ 緩和酸味與苦味。

苦味劑

咖啡因

→p.46

▷ 給予食物苦味。

▷ 具有使人清醒的功效。

酸味劑

檸檬酸

→p.47

▷ 給予食品酸味。

▷ 也會作為pH值調整劑使用。

77

辛香料萃取物

辛香料萃取物

→ p.48

▷ 有為食品增添香氣的小組，和增添辛辣度的小組。

香料

γ-十一酸內酯

→ p.49

▷ 幫食品加上桃子的香氣。
▷ 也用來遮蔽不好的氣味。

乳化劑

甘油酯

→ p.52

▷ 將水和油混合在一起。
▷ 使用在冰淇淋當中。

乳化劑

植物卵磷脂

→ p.54

▷ 將水和油混合在一起。
▷ 使用在巧克力當中。

黏稠穩定劑

鹿角菜膠

→ p.56

▷ 具有膠化劑、黏稠劑、穩定劑三種功效。

黏稠穩定劑

玉米糖膠

→ p.58

▷ 為沾醬增加黏稠度。
▷ 不太會受到鹽分影響。

黏稠穩定劑

果膠

→ p.60

▷ 使用在果凍或果醬當中。
▷ 有HM及LM兩種。

膨脹劑

碳酸氫鈉

→ p.64

▷ 讓食品膨脹起來。
▷ 使用在餅乾當中。

凝固劑

氯化鎂

→ p.66

▷ 主要成分是鹽滷。
▷ 使用在板豆腐中。

結著劑

磷酸鹽

→p.68

▷ 將肉與肉結著在一起。

▷ 種類非常多。

酵母食品

酵母食品

→p.70

▷ 會成為酵母的養分，讓麵包
可以膨脹起來。

鹼水

鹼水

→p.72

▷ 打造拉麵獨特的口感及
風味。

營養強化劑

L-甲硫胺酸

→p.74

▷ 補充人體需要的營養成分。

▷ 胺基酸的一種。

營養強化劑

核黃素

→p.74

▷ 補充人體需要的營養成分。

▷ 維生素的一種。

營養強化劑

檸檬酸鈣

→p.74

▷ 補充人體需要的營養成分。

▷ 礦物質的一種。

和食品添加物
好好相處吧！

　　在物助的帶領下，添一和加代尋找食品添加物的探險活動已經結束了。兩個人遇見了許多食品添加物，也明白了他們不同的工作內容、以及對身體是否有影響。大家也要正確了解食品添加物，與他們好好相處喔！

監修

左卷健男（Samaki Takeo）

法政大學教職課程中心教授
『理科の探検（RikaTan）』總編，該雜誌目標讀者為喜愛
理科之人。
檢定國中理科教科書『新しい科学』編輯委員、執筆者。
研究小學、國中、高中的理科內容及學習方法；針對食物
與健康主題撰寫文章及演講。

插畫

いとうみつる（Ito Mitsuru）

原先從事廣告設計，後來轉換跑道，成為專職插畫家。擅
長創作溫馨之中又帶有「輕鬆詼諧」感的插畫角色。

TITLE

食品添加物小圖鑑

STAFF		ORIGINAL JAPANESE EDITION STAFF	
出版	瑞昇文化事業股份有限公司	本文テキスト	香野健一
監修	左卷健男	デザイン・編集・制作	ジーグレイプ株式会社
插畫	いとうみつる	企画・編集	株式会社日本図書センター
譯者	黃詩婷		

總編輯	郭湘齡
文字編輯	徐承義　蕭妤秦
美術編輯	許菩真
排版	執筆者設計工作室
製版	明宏彩色照相製版股份有限公司
印刷	桂林彩色印刷股份有限公司

法律顧問	立勤國際法律事務所　黃沛聲律師

戶名	瑞昇文化事業股份有限公司
劃撥帳號	19598343
地址	新北市中和區景平路464巷2弄1-4號
電話	(02)2945-3191
傳真	(02)2945-3190
網址	www.rising-books.com.tw
Mail	deepblue@rising-books.com.tw

本版日期	2021年4月
定價	300元

國家圖書館出版品預行編目資料

食品添加物小圖鑑 / 左卷健男監修；い
とうみつる插畫；黃詩婷譯. -- 初版. --
新北市：瑞昇文化, 2020.02
84面；19 x 21公分
ISBN 978-986-401-396-8(平裝)

1.食品添加物

463.11　　　　　　　　　108022958